T0129613

# essentials

*essentials* liefern aktuelles Wissen in konzentrierter Form. Die Essenz dessen, worauf es als „State-of-the-Art" in der gegenwärtigen Fachdiskussion oder in der Praxis ankommt. *essentials* informieren schnell, unkompliziert und verständlich

- als Einführung in ein aktuelles Thema aus Ihrem Fachgebiet
- als Einstieg in ein für Sie noch unbekanntes Themenfeld
- als Einblick, um zum Thema mitreden zu können

Die Bücher in elektronischer und gedruckter Form bringen das Fachwissen von Springerautor*innen kompakt zur Darstellung. Sie sind besonders für die Nutzung als eBook auf Tablet-PCs, eBook-Readern und Smartphones geeignet. *essentials* sind Wissensbausteine aus den Wirtschafts-, Sozial- und Geisteswissenschaften, aus Technik und Naturwissenschaften sowie aus Medizin, Psychologie und Gesundheitsberufen. Von renommierten Autor*innen aller Springer-Verlagsmarken.

Weitere Bände in der Reihe https://link.springer.com/bookseries/13088

Dietmar Schäfer

# Lehmputze und ihre Anwendungen

Dietmar Schäfer
Groitzsch, Deutschland

ISSN 2197-6708 ISSN 2197-6716 (electronic)
essentials
ISBN 978-3-658-37515-7 ISBN 978-3-658-37516-4 (eBook)
https://doi.org/10.1007/978-3-658-37516-4

Die Deutsche Nationalbibliothek verzeichnet diese Publikation in der Deutschen Nationalbibliografie; detaillierte bibliografische Daten sind im Internet über http://dnb.d-nb.de abrufbar.

Planung/Lektorat: Frieder Kumm
Springer Vieweg ist ein Imprint der eingetragenen Gesellschaft Springer Fachmedien Wiesbaden GmbH und ist ein Teil von Springer Nature.
Die Anschrift der Gesellschaft ist: Abraham-Lincoln-Str. 46, 65189 Wiesbaden, Germany

# Was Sie in diesem *essential* finden können

- Informationen über den Baustoff Lehm
- Technologie von Lehmputzen
- Ausführung von Lehmputzen
- Einblick in die Lehmputzbauweisen in Europa anhand von Beispielen
- Informationen über europäische Lehmbauprojekte

# Inhaltsverzeichnis

# Einleitung

Leider hält sich noch immer hartnäckig die Auffassung, dass der Lehmbau nur eine historische Bauweise ist. Grundsätzlich ist dies richtig, aber nur die halbe Wahrheit. Die Menschheit benutzte den Lehm (dort wo er in der Natur vorkam) seit dem er Behausungen baute, nutzte diesen über Jahrhunderte und „erfand" ihn immer wieder neu nach schwierigen Zeiten (z. B. nach dem 2. Weltkrieg). Es gab in Deutschland nach 1945 eine Lehmausbildung, ein Lehrbuch (Lehmbaufibel) und eine DIN. Dies funktionierte noch in den 1950 Jahren und wurde mit zunehmendem wirtschaftlichem Aufschwung um die 1970er Jahre beendet. Ziegel, aber besonders der Baustoff Beton gewann die Oberhand. Man „schaffte den Lehmbau ab", die DIN gab es nicht mehr und musste durch eine Lehmbauregel (erschien erst 1998) ersetzen werden, um den verbliebenen Lehmbau eine baukonstruktive Grundlage zu geben. Natürlich gab es immer Bauschaffende, die sich trotzdem mit dem Baustoff Lehm beschäftigten und den Lehm anwendeten. Im Jahr 2007 begann das Projekt „Life Long Learning Leonardo da Vinci Partnership Projekt LearnWithClay". Verschiedene europäische Partner (amazonails (UK); AsTerre, Evreux (FR); Akterre, Saint Quentin sur Isère (FR); ArTUR (SK); BAUFACH-FRAU Berlin e. V. (DE); BSZ Leipziger Land, Böhlen (DE); BTZ der HWK Schwerin, Schwerin (DE); constructionskills, Norfolk (UK); DBBZ Pleven (BG); Knobelsdorff-Schule OSZ Bautechnik I Berlin (DE); Le Gabion, Embrun (FR); Lehmbaukontor Berlin Brandenburg e. V. (DE); FAL e. V. (DE)) erarbeiteten Ausbildungsunterlagen zum Thema Lehmputz.

Die hier gewonnenen Erfahrungen sollen auch anhand von Fallbeispielen beschrieben werden. Für die jeweiligen Lehmputztechnologien werden die grundsätzlichen Gesichtspunkte dargestellt. Für Detailfragen steht eine umfassende Fachliteratur zur Verfügung, die man dann gegebenenfalls „bemühen" sollte. Der nach den 1950er Jahren fast ruhende Lehmbau in Deutschland hat sich in letzter Zeit dank vieler Persönlichkeiten und Initiativen gut entwickelt. Seit 2013 gibt es

D. Schäfer, *Lehmputze und ihre Anwendungen,* essentials,
https://doi.org/10.1007/978-3-658-37516-4_1

wieder Lehmnormen (DIN 18942-1 2018-12 Lehmbaustoffe – Teil 1 Begriffe,
DIN 18942-100 2018-12 Lehmbaustoffe – Teil 100 Konformitätsnachweis,
DIN 18945 2018-12 Lehmsteine – Anforderungen und Prüfverfahren, DIN 18946
2018-12 Lehmmauermörtel – Anforderungen und Prüfverfahren, DIN 18947
2018-12 Lehmputzmörtel – Anforderungen und Prüfverfahren, DIN 18948 2018-
12 Lehmplatten – Anforderungen und Prüfverfahren). Die 1998 veröffentliche
Lehmbauregel hat aber für auf der Baustelle hergestellte Lehmbaustoffe ihre
Gültigkeit behalten. Dazu kommen Technische Merkblätter.

Mit seinen hervorragenden Eigenschaften: ausreichend vorhanden, es wird ein
gutes Raumklima erzeugt (Luftfeuchteregulierung, Wärmspeicherung), gut formbar, im trockenen verdichteten Zustand hohe Druckfestigkeit, absorbiert Gerüche
und bindet Schadstoffe aus der Luft, verursacht keine Allergien, feuerhemmend
und nicht brennbar (in reiner Form), konserviert Holz und ist mit ihm gut
kompatibel, immer wieder verwendbar (wenn nicht durch Schadstoffe verunreinigt), …,ist er ein ökologischer, nachhaltiger und energieeffizienter Baustoff
(immer wenn man den reinen Lehmbaustoff betrachtet). Mischt man bestimmte
Materialien (Stroh, Häcksel, Spreu, Holzspäne, …) hinzu, verändern sich die
„Grundeigenschaften" des Lehms. Es gibt also hinreichende Gründe, den Baustoff Lehm umfassend zu verwenden. Dem steht gegenüber, dass er eben bei
genügender Wasserzugabe wieder formbar wird und seine Festigkeit verliert
und dass die Aufnahme von Zugkräften sehr begrenzt ist. Das Hauptproblem
ist also der Schutz einer Lehmkonstruktion vor offen freiem Wasser. Deshalb
gilt auch der Grundsatz im Lehmbau: Das Haus braucht einen großen Hut
(Dachüberstand – Schlagregen) und trocken Füße (Sockel – Spritzwasser, Abdich-
tung – aufsteigende Erdfeuchte). Und was führt noch zum nicht befriedigten
Mehreinsatz des Lehms? Die Lobbys von Zement, Beton, Gips, Putz (PII und
PIII), Stein (Kalksandstein, Porenbeton, zementgebundene Steine) und Ziegel
sind erdrückend. Für den Lehmbau brauche ich auf den Baustoff zugeschnit-
ten Fachkenntnisse, Erfahrungen und handwerkliche Fertigkeiten. Zum Beispiel
beherrscht ein Maurer die Verbandsregel, die speziellen Besonderheiten beim
Lehmmauerwerk muss er sich zusätzlich aneignen. Bis heute gibt es in Deutschland keine Erstausbildung zum Beruf Lehmbauer. Alles erfolgt berufsbegleitend,
in Kursen, Zusatzqualifizierungen in der Berufsausbildung oder in Selbstaneig-
nung. Die Studenten der Bauausbildung bekommen nur begrenzte Informationen
über den Baustoff Lehm und so wundert es manchmal nicht, dass ein Baube-
trieb den Baustoff Lehm ablehnt (unter dem Motto: Was der Bauer nicht kennt,
frisst er nicht. – altes Sprichwort) oder seinen Kunden nicht anbietet. Es ist auch
nicht nachvollziehbar, dass ein lehmiger Baugrund beim Aushub der Baugrube

entsorgt wird, als besser darüber nachzudenken, ob der Lehmbaustoff im Bauwerk noch Anwendung finden kann (z. B. Einbau einer Wärmespeicherwand, Verwendung als Lehmputz). Es sollte eben jede Gelegenheit genutzt werden, den Lehmbaustoff auf die entsprechende Stufe zu stellen. Der Baustoff Lehm „entwickelt" seine positive Eigenschaften schon ab einer Putzdicke von mindestens 1,5 cm. So kann man der Überlegung nachgehen, ob man die Wandoberfläche unabhängig von zu putzfähigen Putzgrund und der möglichen Bedingungen für den Baustoff Lehm, mit Lehmputz belegt.

# Lehmprüfung und Lehmaufbereitung 2

Um Lehme als Baulehme verwenden zu können, müssen sie auf Eignung geprüft werden. Die Eigenschaften eines in der Landschaft vorkommender Lehms ist nicht bekannt. Einer nach DIN hergestellter Lehmbaustoff (Lehmmörtel) oder Lehmprodukte daraus (z. B. Lehmstein) braucht nicht geprüft werde, die Prüfung obliegt dem Hersteller, der die Ergebnisse auch nachweisen muss. Man unterscheidet zwei Gruppen von Prüfverfahren – einfache Versuche, die auch auf der Baustelle durchgeführt werden können und schon oft auch den Einsatz des geprüften Lehms rechtfertigen, sowie die Laborprüfung. Nach den Lehmbau Regeln, wo sie beschrieben sind, sollen sie aber hier im Wesentlichen nur genannt werden.

Einfache Versuche: „...dienen einer orientierenden Einschätzung der Lehmeigenschaften. Die Durchführung erfordert Erfahrung. Die Versuchsergebnisse sind durch Wiederholungen abzusichern. Bestehen Zweifel über die Eignung des Lehms, sind Laborprüfungen … durchzuführen." (Zitat Lehmbau Regeln Seite 6) Folgende Versuche sind möglich: Kugelformprobe, -fallprobe, Schneide-, Trockenfestigkeits-, Reibe-, Riechversuch, Bestimmung des Mineralgerüst, der Farbe und des Kalkgehaltes (Aufzählung nach Lehmbau Regeln Seite 7 bis 9).

Laborprüfung: „… sind erforderlich, wenn keine eindeutige Beurteilung aufgrund einfacher Versuche möglich ist oder die Erfahrung fehlt." (Zitat Lehmbau Regeln Seite 9) Versuche: Bestimmung der Bindekraft, der Plastizität, des Mineralgerüstet (Korngrößenverteilung nach DIN 18123), Zerreißversuch (Aufzählung nach Lehmbau Regeln Seite 10 bis 15).

Im Lehmmuseum in Gnevsdorf (Deutschland) wird ein Gerät zur Bindekraftprüfung – die Achtlingsprobe ausgestellt, das im Labor Verwendung findet (Abb. 2.1a, b).

Im Lehmmuseum in Gnevsdorf (Deutschland) wird auch ein Gerät zur Schwindmaßbestimmung ausgestellt. Es findet ebenfalls im Labor Verwendung.

© Der/die Autor(en), exklusiv lizenziert an Springer Fachmedien Wiesbaden GmbH, ein Teil von Springer Nature 2022
D. Schäfer, *Lehmputze und ihre Anwendungen,* essentials,
https://doi.org/10.1007/978-3-658-37516-4_2

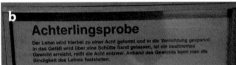

**Abb. 2.1**

**Abb. 2.2**

Ohne große Meßskala kann man nach dem Trocknen des Lehms im Kasten festellen, ob das Schwindmaß groß oder weniger groß ist. Dieser „Meßwert" zeigt auch an, wie bei einem zu verwendeten Lehmbaustoff die Volumenveränderung gekennzeichnet ist. Ist das Schwundmaß zu groß, sind am Baukörber bei diesen verwendeten Lehm Schwindrisse zu erwarten (Abb. 2.2a, b).

Auf der Baustelle hat man oft die Gerätschaften nicht zur Hand, oder nicht die Probezeit wie im Labor. Trotzdem kann man den vorhandenen Lehm recht genau auf Eignung prüfen – einfache Versuche. Zuallererst schaut man sich den Lehmbaustoff an, Verunreinigungen (Humusbestandteile, Kornzusammensetzung, …)

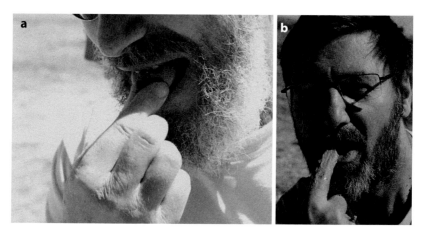

Abb. 2.3

kann man leicht erkennen und zuordnen. Am Geruch erkennt man sehr schnell, ob Schadstoffe im Lehm vorhanden sind. Mit seinen typischen Eigengeruch lässt es sich schnell entscheiden. Dazu sollte der Lehm feucht sein, trockener Lehm ist geruchsneutral. Beim dem Reibeversuch nimmt man den feuchten Lehm reibend zwischen die Finger und stellt tonige Anteile durch klebrige Finger sehr gut fest. Natürlich spürt man auch die Körnung des Sandanteiles im Lehm. Man nennt es auch Handprüfverfahren. Sie „... dienen dazu, daß gefühlsmäßig eingeschätzt werden kann, ob ein Lehm „zu schluffig", „mager", „fett", „zu fett", „kieslig" ist. Alte Lehmbauer haben Lehm nicht nur in die Hand genommen sondern auch zwischen die Zähne!" (Zitat Bauen mit Lehm Heft 1 Gernot Minke ökobuch 1984) Die „Methode" des „Kosten" des Lehms wurde auch beim Kurs in La Casas de Rey (Spanien) praktiziert. Man nimmt eine geringe Menge Lehm auf und kann so auch die Körnung feststellen. Gesundheitsschädlich ist es nicht, Lehm ist ein Erdprodukt (siehe auch Heilerde) und in seinem Ursprung neutral.

Beim Lehmbaukurs bei estepa in La Casas de Rey (Spanien) wurde solche Lehmprüfung praktiziert (Abb. 2.3a). Ich konnte natürlich nicht anders und praktizierte die gleiche Methode. Es war eine lehrreiche schadfreie Prüfungsform des Lehms (Abb. 2.3b) Bei Kursen in der Lehrlingsausbildung am BSZ Leipziger Land in Böhlen (Deutschland) demonstrierte ich dann diese Vorgehensweise zum großen Erstaunen der Auszubildenden.

**Abb. 2.4**

Bei einem Lehmbaukurs am BSZ Leipziger Land in Böhlen (Deutschland) wurde die Kugelprobe durchgeführt. Dazu musste der Prüfling aus der angemischten Lehmmasse (erdfeucht) eine faustgroße Kugel formen und trocknen lassen (Abb. 2.4a). Zur Prüfung lässt man die getrocknete Lehmkugel auf einen stabilen Untergrund fallen. Eine Kugel hat beim Auftreffen auf einen festen Untergrund immer die gleiche Aufprallfläche – egal wie sie fällt (Abb. 2.4b).

Beim Lehmbaukurs bei estepa in La Casas de Rey (Spanien) wurde u. a. auch noch eine andere Lehmprüfung praktiziert. Lehme aus unterschiedlichen Mischungen wurden zu einer „Wurst" („Zigarre") geformt und über eine Tischkante geschoben. Je länger der Lehmkörper zusammen blieb, desto bindiger war das Material. Die Konsistenz musste dabei gut formbar sein (Abb. 2.5).

Neben der Eignungsprüfung ist die Aufbereitung des Lehms vor seinen Einbau wichtig. Bei Lehmen direkt aus der Grube zerkleinert man den Lehm im trockenen Zustand und siebt ihn auf die erforderliche Korngröße und mischt ihn gleichmäßig ggf. mit Zuschlagsstoffen durch. Das Mischen erfolgte früher per Hand, auf Mischbühnen oder Lehmmühlen.

Lehmmühle: „... mechanische Einrichtung zur Lehmaufbereitung stellt die sogenannte Lehmmühle dar, bei der die Lehmmasse oben wie in einer Kaffeemühle hineingeworfen wird und unten fertig durchgeknetet wieder herauskommt. Die Konstruktion ist ein Rechteckkasten mit einem Hohlraum. In der Mitte dieses Hohlraumes steht eine Achse mit einem Schwellenrand. An der Achse befinden sich die Mischeisen, die spiralförmig um die Achse angeordnet sind." (Zitat aus Lehmbau Fibel) (Abb. 2.6).

**Abb. 2.5**

**Abb. 2.6** Aus Lehmbau Fibel

**Abb. 2.7**

Im Lehmmuseum Gnevsdorf (Deutschland) steht so eine Lehmmühle. Blickt man in das Innere so sieht man die Konstruktion, die bei der Drehbewegung der Achse das Material von oben nach unten bewegt und dabei mischt (Abb. 2.7a, b).

Bei Werkfertiglehmen braucht man das nicht zu tun, die sind auf den jeweiligen Einsatz eingestellt. Egal welchen Lehm wir einsetzen, muss dieser vor seiner Verwendung genügende Zeit gesumpft werden.

Beim Lehmkurs in Las Casas de Rey (Spanien) wurde der Lehm nach dem Sieben in Erdgruben per Hand und mit einem grobzinkigen Rechen durchgearbeitet werden. Um das Ergenis zu optimieren wurde der Lehm anschließend mit den Füßen bearbeitet (Abb. 2.8a). Dabei kam der Spaß bei dieser Tätigkeit nicht zu kurz und alle hatten viel Freude daran (Abb. 2.8b).

Über Nacht konnte nach der Bearbeitung des Lehms dieser „mauken" oder auch „sumpfen". (Abb. 2.9).

Durch diese „Ruhezeit" werden die Tonteilchen aufgeschlossen (bei Wasserzugabe braucht der Ton eine gewisse Zeit dazu), die Sandkörner können so optimal umschlossen und miteinander verkittet werden. Man erreicht so ein qualitätsgerechtes Lehmprodukt.

Für die Anwendung von Lehm zum Putzen von Wand und Decke führt man für Grubenlehm (werkseitig nach DIN hergestellte Lehmmischungen braucht man nicht zu prüfen) weitere Eignung durch.

Zunächst müssen die unterschiedlichen Mischungen hergestellt werden. Bei den Mischungen mit reinen Grubenlehm und Sand ermittelt man die jeweiligen Mengen in Raumteilen. Ein Gefäß ist dabei ein Raumteil (die Größe ist nicht ausschlaggebend, sondern die Anzahl der gleichgroßen Behälter, die bei einer Mischung verwendet werden).

**Abb. 2.8**

**Abb. 2.9**

Für die jeweilige Mischung nimmt man nur eine Gefäßgröße. Damit die Füll-menge auch dabei für die Anteile immer gleich groß ist, füllt man das Gefäß randvoll (Abb. 2.10a, b, c).

Am BSZ Leipziger Land wurden während der Lehrlingsausbildung drei Mischungen (Mischung 1 reiner Grubenlehm; Mischung 2 1 RT Grubenlehm,

**Abb. 2.10**

1 RT Sand; Mischung 3 1 RT Grubenlehm, 2 RT Sand) hergestellt. Mit dem vorhandenen Grubenlehm reichte diese Anzahl von Mischungen. Es kann aber sein, dass auf Grund des vorhandenen Grubenlehms noch weitere unterschiedliche Mischungen hergestellt werden müssen. Die Probemischungen sind dann an der zu verputzenden Oberfläche aufzubringen. Bei der Ausbildung habe ich dann auf Platten A4 groß die Lehmputzproben herstellen lassen. Das hatte rein organisatorische Gründe (und verfälscht auch das Ergebnis an einen realen Untergrund, der so nicht zur Verfügung stand) und ermöglichte den Lehrlingen, die das Putzen noch nicht so beherrschten, eine Fläche mit Lehm zu belegen. Sinnvoller ist es, die Proben auf dem Untergrund vorzunehmen, auf dem dann geputzt wird. In der Regel reichen drei bis vier Probeputzflächen mit den unterschiedlichen Mischungen in der Größe 30 × 30 cm. Wichtig ist, dass auf der Probeputzfläche die Art der Mischung kennzeichnet ist und die Probefläche in gleichmäßiger Dicke (ca. 1 cm, auch am Rand) angelegt ist.

Die gekennzeichneten Putzflächen an der Wand und auf den Probeplatten sind in Abb. 2.11a, b zu sehen.

Bei einem Kurs am BSZ Leipziger Land lässt der Prüfer die Qualität der Lehmproben vom Prüfling kommentieren, einmal die Bruchergebnis der Probekugel und das Erscheinungsbild auf den Probeplatten (Abb. 2.12).

Beim Partnertreffen am BSZ Leipziger Land wurden die im Projekt erarbeiteten Ausbildungsrichtlinien praktiziert und überprüft. Schon während des Anlegens der Putzprobenflächen kontrollierten die Prüfer die Ergebnisse und gaben Hinweise (Abb. 2.13a, b).

Auf den Probeplatten erkennt man an Hand der Rissbildung die Eignung eines angemischten Lehmes. Legt man die Probeflächen an der zu putzenden Wand an, so kann man gleichzeitig auch die Haftfähigkeit des Putzes am Untergrund beurteilen. Zu fetter Lehm wird dabei starke Schwindrisse aufweisen und sich auf Grund der entstandenen großen Spannungen vom Untergrund lösen. Zu magerer Lehm weist keine Schwindrisse auf, seine Haftung am Untergrund wird für die Putzhaftung nicht ausreichen.

Abb. 2.11

Abb. 2.12

**Abb. 2.13**

# Lehmputz und seine Anwendung 3

Lehme die in der Natur vorkommen bestechen durch ihre Farbigkeit vom Weiß über Gelb, Braun, Rot, Grün bis hin zu Anthrazit, nur Blau findet man nicht. So ergibt sich für den Lehm ein eigener Farbkreis (Abb. 3.1a). Wenn man es also möchte, kann man mit diesen farbigen Lehmen auch putzen. Während des Lehmprojektes „Life Long Learning Leonardo da Vinci Partnership Projekt LearnWithClay" wurden wir in Rudice (Tschechien) (Abb. 3.1b), Couiza, Esperaza, Peyrolles, Rennes les Chafeau (Frankreich) (Abb. 3.1c, d, e, f, g) und in Senec (Slowakei) (Abb. 3.1h) zu farbigen Lehmvorkommen von unseren Projektpartnern geführt.

Lehmputze (LPM) sind den Lehmmörtel (LM) zugeordnet und nach den „Lehmbauregeln" … sind mit feinkörnigen Zuschlagstoffen abgemagerte Baulehme. Mörtel mit einer Trockenrohdichte von weniger als 1200 kg/qm können auch als Leichtlehmmörtel bezeichnet werden. … Lehm-Putzmörtel (LPM) und Leichtlehm-Putzmörtel werden zum Verputz von Wänden und Decken im Innenbereich (Wohnräume, Oberflächen ohne höhere mechanische Belastung, Küchen und Bäder mit kurzfristiger erhöhter Wasserdampfbelastung, Kellerräume mit trockenen Wänden mit Wohnsituation) oder im witterungsgeschützten Außenbereich verwendet. Zusammensetzung Lehmmörtel werden aus Baulehm und geeigneten Zuschlagstoffen hergestellt. … Die Eigenschaften von Lehmmörteln hängen wesentlich von der Bindekraft des Baulehms ab. Es empfiehlt sich die Verwendung eines nicht zu mageren, steinfreien Baulehms mit Korngrößen unter 5 mm (Lehmfugen- und Lehmputzdicke). Als Zuschlagstoffe werden Sand, Strohhäcksel oder andere pflanzliche Faserstoffe verwendet, für Leichtlehmmörtel geeignete mineralische oder pflanzliche Leichtzuschläge. (Die Baustoffhändler bieten je nach Zusammensetzung und Einsatz unterschiedliche Lehmputze an.) Für Putzmörtel kommen auch historische oder regional verwendete Zusätze wie Molke oder Dung in Frage, Erfahrung und ausreichende Erprobung vorausgesetzt. Dazu

© Der/die Autor(en), exklusiv lizenziert an Springer Fachmedien Wiesbaden GmbH, ein Teil von Springer Nature 2022
D. Schäfer, *Lehmputze und ihre Anwendungen,* essentials,
https://doi.org/10.1007/978-3-658-37516-4_3

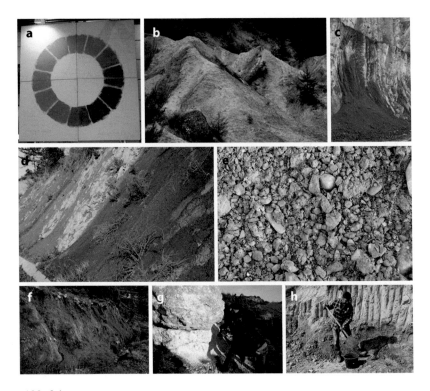

**Abb. 3.1**

schreibt Wilhelm Fauth in seinen Buch „Der praktische Lehmbau" (Limes-
Verlag Wiesbaden) 1946: Putz aus Lehm und Kuhfladen Über das Verputzen
von Lehmwänden mit luftgetrockneten Steinen sowie mit Lehmmörtel errichtete
Bruchsteinwänden geben zwei Berichte Auskunft, von denen der eine aus Usam-
bara (Tansania), der andere aus Freistadt im Bukoba-Bezirk in Deutsch-Ostafrika
aus dem Jahre 1942 stammen. Der eine Bericht sagt, daß eine Mischung von
Ton, Kuhfladen und Sand im Verhältnis 1:1:10 bis 15 sich gut bewährt habe, und
auf Lehmziegel (-steine) wie Bruchsteine gleich gut gehalten hätte. Im zweiten
Bericht heißt es: „Der Putz wurde in jahrelangen Versuchen festgelegt. Alle Versuche, die Häuser aus Lehmziegel (-steine) mit einem Kalkputz oder Zementputz
zu bewerfen, schlugen fehl. Dieser Verputz geht keine Verbindung ein, sondern
löst sich in großen Platten immer wieder ab, es gelang nur, wenn man in den
Ziegelfugen (Lehmsteinfugen) kleine Steine einlegte und dann verputzte. Eine

**Abb. 3.2**

absolut sichere Möglichkeit ist durch den Verputz gegeben, der sich wie folgt
zusammensetzt: Ein Teil frischer oder trockener Kuhmist, ein Teil Lehm, drei bis
fünf Teile Fluß- oder anderer Sand. Das wird dann gut gemischt und nach der
Mischung langsam mit Wasser angefeuchtet. Das Beste ist dann ein längeres Tre-
ten mit den Füßen. Dieser Putz läßt sich wundervoll anlegen, nachdem die ganze
trockenen Mörtelspritzer usw. abgekratzt sind. Nachreiben mit einem kleinen
Verputzbrettchen am nächsten Tag, damit die kleinen Trockenrisse geschossen
werden. Nach völligem Austrocknung Anstrich mit Kalk- oder Temperafarben."

Diese Lehmputzmischung wurde auch bei einem Partnertreffen in Kvacany
(Slowakei) „ausprobiert". Der vorbereitete Kuhdung im Eimer war etwas gewöh-
nungsbedürftig, im Lehmmörtel eingemischt und verarbeitet war es dann kein
Problem mehr und noch weniger – der getrocknete Lehmputz an der Wand war
völlig geruchlos.

Der Kuhdung wurde in einem Eimer gelagert und mit etwas Wasser „ein-
geweicht" bis eine breiige Konsistenz erreicht war. Nach einem Tag mischte
man den Kuhdung in den vorbereiteten Lehmputzmörtel ein und verputzte eine
Probefläche an der Außenwand (Abb. 3.2a, b).

Bevor man mit dem Putzen beginnen kann, ist es zwingend erforderlich den
Untergrund zu prüfen.

# Lehmputztuntergrund

Wie bei anderen Putzen muss der Untergrund für Lehmputze geprüft und bestimmte Eigenschaften besitzen. Er muss eben, trocken, aber genügend saugfähig, tragfähig, sauber (staubfrei, keine losen Teile, Versalzungen, u. a.) frostfrei, rau und rissfrei (falls Risse im Putzgrund vorhanden sind, müssen diese zur „Ruhe gekommen sein" und man muss die Risse entsprechend bearbeitet haben) sein. Bei Mauerwerk ist darauf zu achten, dass die Fugenüberdeckung der Stoßfugen normgerecht ausgeführt sind. Diese Forderungen an den Putzgrund kann man durch einfache Baustellenprüfung durchführen. In Augenscheinnahme, Wischprobe, Benetzungsprobe, die Feuchteprüfung mit einem Feuchtemessgerät und Abklopfen der Oberfläche auf Hohlstellen wären hier zu nennen. Bei Putzgrundmängeln müssen diese erst beseitigt sein, ehe man mit den Putzen beginnt.

Bei der Risseprüfung sind schon entsprechende Fachkenntnisse (Rissart, Ursache, Sanierung) notwendig, aber bereits mit einfachen Mittel kann man prüfen, ob ein Riss „in Ruhe ist", oder ob es noch Bewegungen im Bauwerk gibt. Dazu verwendet man eine Gipsmarke (Gipsstreifen bis zu 10 mm Dicke wird über den Riss angegipst und mit Datum beschriftet) die dann wie Rissbreitenmesser der Überwachung des Risses dienen.

Reißt die Gipsmarke vom Untergrund ab, oder reißt sie selbst durch, so ist sehr schnell bei in Augenscheinnahme eine Bewegung im Untergrund festzustellen. Bei dem Rissbreitenmesser erkennt man an der Verschiebung der angebrachten Messskala die Bewegungsdimension.

Der Putz im Bereich des Risses wurde im Museum Groitzsch (Deutschland) bis auf das Mauerwerk entfernt und die Rissmarke mit Datum angegipst (Abb. 3.3a, b). Die allereinfachste Form der Rissüberprüfung ist das Aufsetzen eines „Gipsfleckes" über den Riss (Abb. 3.3c).

Ist der Riss „in Ruhe", so müssen die Ursachen der Rissbildung ermittelt und beseitigt (in der Regel von Fachbetrieben) werden und der Riss selbst kann dann saniert werden. Alle weiteren Untergrundschäden müssen ebenfalls beseitigt sein, bevor mit dem Putzen begonnen werden kann.

Da man Lehmputze auf fast allen Wandmaterialien aufbringen kann, eignet er sich sowohl im Alt- wie im Neubau.

Der idealste Untergrund für Lehmputze ist das Material Lehm selbst, egal in welcher Form, da man „im Material" bleibt. Die Lehmoberfläche ist dabei gut vorzunässen (die Nässe darf nicht zu schnell in den Untergrund eingezogen sein bzw. der Lehm darf sich noch nicht aufgelöst haben). Stampflehm- und Wellerlehmwände sollen durchgetrocknet sein, und/oder dürfen erst nur innen und nach

**Abb. 3.3**

etwa einen Jahr (oder auch länger) von außen verputz werden. Bei Lehmmauerwerk kratzt man die Fugen aus, um eine größere Haftungsfläche zu erreichen. Eine Vergrößerung des Putzgrundes erreicht man auch durch Einbringung von Vertiefungen und Aufziehen von „Mustern".

Bei der Dünnerlehmbrottechnologie drückte man mit den Finger oder einen Stab in die Stirnseite des „Lehmbrotes" eine Vertiefung (Abb. 3.4).

**Abb. 3.4** Aus Bauen mit Lehm Heft 1 Prof. Dr. Ing. Gernot Minke ökobuch 1984

Bei einer Lehrerfortbildung in Lehma (Deutschland) wurden schadhafte Gefache wieder mit Lehm ausgebessert. In der Gefachelehmfläche wurde dann mit einen kleinen Rundholz Vertiefungen sogar als Muster eingedrückt (Abb. 3.5a). Anders bei dem Gefache in Stefanovo (Bulgarien). Wahrscheinlich wurden mit einem kurzen Holzbrettchen die Vertiefungen in den frischen weichen Untergrund gedrückt (Abb. 3.5b).

Oberflächenvergrößerung an einer Deckenkonstruktion in Berndorfer Mühle (Deutschland) (Abb. 3.6).

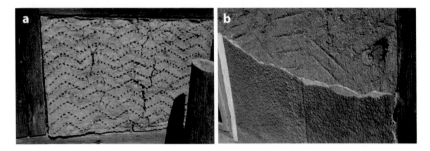

**Abb. 3.5**

**Abb. 3.6**

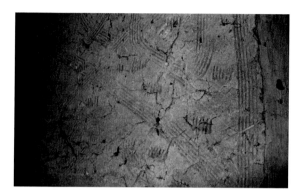

Abb. 3.7

An einer Gefacheoberfläche in Oellschütz (Deutschland) hat man mit einem kammähnlichen Gegenstand dieses Muster hinterlassen. Es ist zu vermuten, dass man dieses Gefache nicht verputzen wollte. Ähnliche Technologie wendete man aber auch an, wenn die Wandfläche verputzt werden soll (Abb. 3.7).

Eine weitere Methode die Putzhaftung zu verbessern, ist das Anbringen von Ziegelstückchen in die Wandoberfläche. Das Ausstellungsstück im Lehmmuseum Gnevsdorf (Deutschland) zeigt ein Stück Lehmwellerwand, dessen Außenseite zur besseren Haftung des Putzes mit Ziegelstückchen bestückt wurde. Wie in Abb. 3.8 zu sehen ist, wurden die Ziegelstückchen „frei" in die Wandoberfläche eingedrückt und damit die Putzhaftung verbessert. In der Abb. 3.9 ist die Ziegelstückanordnung gleichmäßig. Zusätzlich wird die Haftung durch das Eindrücken von Vertiefungen vergrößert.

Bei einer Lehmmischung mit hohem Strohanteil bei dem die Wandoberfläche wenig geglättet wird – ein Teil des Strohs ragt frei aus der Oberfläche, „funktionieren" die nicht im Lehm eingebetteten Strohhalme als Putzträger. Im Dachbereich des Museums der Stadt Groitzsch sind die meisten Gefacheoberflächen so ausgebildet. Ein Teil dieser Gefache wurden aber trotzdem nicht verputzt (Abb. 3.10a, b). Soll die Holzkonstruktion der Fachwerkwand auch überputzt werden, so gibt es mehrere Möglichkeiten, die Putzhaftung zu verbessern.

An der Holzoberfläche einer Fachwerkkonstruktion in Görlitz (Abb. 3.10c) wurde ein Draht an eingeschlagene Nägel „geflochten". Im Museum Groitzsch (Deutschland) wurde die Oberfläche aufgebeilt (Abb. 3.10d), so auch in Rostenice (Tschechien) an der Holzwandverkleidung (Abb. 3.10e).

**Abb. 3.8**

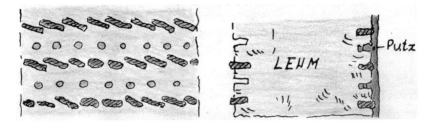

**Abb. 3.9** Wilhelm Fauth Der praktische Lehmbau Limes Verlag Wiesbaden 1946, links Ansicht, rechts Schnitt (kolloriert)

   Die Abb. 3.10f zeigt den Schnitt und die Ansicht von einem Schilfrohrputz-träger auf einem Holzbalken. Die Schilfrohrmatte wird auf der Balkenfläche angebracht (genagelt oder getackert). Die Abmessung entspricht der Balkenfläche.
   In Lehmbau-Praxis Planung und Ausführung Autoren Röhlen/Ziegert vom Bauwerk Verlag 2010 wird zum Putzträger folgendes ausgesagt: Putzträger die-nen auf wenig griffigen Untergründen wie z. B. Holzflächen sowie mineralischen Mischuntergründen der vom Putzgrund weitgehend unabhängigen mechanischen Haftung des Putzes. … Putzträger sind in ihrer Wirkung nicht mit Bewehrungs-geweben zu verwechseln, die als Stoßarmierung zur Verbindung von Bauplatten

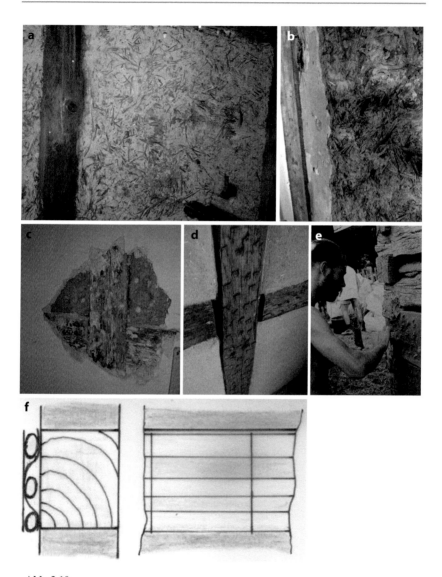

Abb. 3.10

dienen oder zur Aufnahme von Spannungen im oberen Drittel des Putzes eingeputzt werden. Schilfrohrgewebe besteht aus ca. 6–10 mm starken Schilfrohrhalmen, die maschinell auf ca. 1 mm starken verzinkten Basisdraht aufgelegt und mit einen wesentlich dünneren Draht angebunden werden. … Die Halme müssen untereinander einen ausreichend großen Abstand haben, damit der Mörtel gut durchgedrückt werden kann. Die Schilfrohrmatte war und ist ein Putzträger der auf einen Untergrund aufgebracht wird, der kein empfohlener Putzgrund (z. B. Holz) ist, aber trotzdem überputzt werden muss, oder man möchte den Putz profilieren. Weiter Putzträger mit gleicher Funktion wie die Schilfrohrmatten sind Ziegeldrahtgewebe und Rippensteckmetall.

Bei einer Baustofffirma in Lysovice (Tschechien) lagerten bei unseren Besuch die Schilfrohrmatten im Depot zum Einbau auf der Baustelle bereit (Abb. 3.11a, b).

Auf der Abb. 3.12a ist eine Wand und auf der Abb. 3.12b ist eine Decke im Museum Groitzsch (Deutschland) mit einer Holzverschalung ausgeführt. Auf diesem Untergrund wurden Schilfrohmatten angebracht und anschließend verputzt.

Die Anwendung der Schilfrohmatte beim Außenputz in Lysovice (Tschechien) (Abb. 3.13) bewirkt nicht nur eine bessere Putzhaftung, sondern es kann auch

**Abb. 3.11**

Abb. 3.12

Abb. 3.13

mehr Putz (hier zur Profilierung) aufgetragen werden.

Das Verkleiden der Fuge zwischen den Holzbalken ist zwar kein Verputz im herkömmlichen Sinne, wo großflächig eine Wandoberfläche mit Putz beschichtet wird. Die aber zwischen den Balken vorhandene zum Teil große Fuge (man schließt sie im hinteren Teil mit Hanf) muss im vorderen Teil mit Lehm verschlossen werden. Damit der Lehm eine entsprechend Haftung in der Fuge erhält, werden Holzkeile beidseitig in die Balken eingeschlagen.

Die mit Holzbalken ausgeführte Wandkonstruktion in Kvacany (Slowakei) wurden nicht vollständig verputzt, sondern nur die Fugen zwischen den Balken verschlossen (Abb. 3.14a). Zur besseren Lehmhaftung werden dann Holzkeile in

**Abb. 3.14**

den jeweils oberen und unteren Balken in der Fuge eingeschlagen und die breite Fuge „verputzt". (Abb. 3.14b).

Das Umgebindehaus in Mannsdorf (Deutschland) ist zwar in einen baulich sehr schlechten Zustand, aber nicht in einen solchen, dass es abgerissen werden muss. Bei solch einem Kulturgut kann nur „Rettung" die Lösung sein. Die Wand der Bohlenstube wurde mit einer dickeren Lehmputzschicht verkleidet und dann als Wetterschutz mit einem Kalkputz überzogen. Als Putzträger wurden diagonal Leisten auf die Bohlenwand angebracht (Abb. 3.15a, b). In Kvacany (Slowakei) zeigten uns die Projektpartner von ArTUR eine für diesen Ort typische Bauweise. Das Gebäude wurde von den Partnermitgliedern saniert, gleichzeitig erarbeiteten die Teilnehmer des Treffens Ausbildungsunterlagen für die Putzsanierung. Die Wandkonstruktion in Blockbauweise war ehemals außen zum Teil verputzt (weiße Flächen), innen wurde vollflächig verputz. Dazu dienten ebenfalls wie bei der Außenwand in Mannsdorf diagonal auf die Blockwand aufgenagelte Latten (Abb. 3.15c, d).

Ist der Putzgrund auf Eignung geprüft und sind die Putzproben angelegt und begutachtet (Lehmputz nach DIN braucht man nicht zu prüfen), so kann man die zu erreichende Oberflächenqualität festlegen.

## Qualitätsstufen des Putzes

Bei dieser Zuordnung werden die Oberflächen eines Innenputzes nach DIN 18550 in vier Qualitätsstufen bei unterschiedlicher Oberflächenbearbeitung (abgezogen, geglättet, abgerieben, gefilzt) und Ebenheitstoleranzen festgelegt.

**Abb. 3.15**

Qualitätsstufen (QS) von Innenputz-Oberflächen nach Merkblatt „Putzoberflächen im Innenbereich" [12]

| Qualitäts-stufe [a] | Ausführungsart der Putzoberfläche | | | | Ebenheits-toleranz nach DIN 18202 |
|---|---|---|---|---|---|
| | abgezogen | geglättet | abgerieben | gefilzt | |
| | Beschaffenheit/Eignung der Oberfläche | | | | |
| Q 1 | Geschlossene Putzfläche | Geschlossene Putzfläche | Geschlossene Putzfläche | Geschlossene Putzfläche | – |
| Q 2 [b] Standard | geeignet z. B. für: ▪ Oberputze, Körnung ≥ 2,0 mm ▪ Wandbeläge aus Keramik, Natur- und Betonwerkstein usw. | geeignet z. B. für: ▪ Oberputze, Körnung > 1,0 mm ▪ mittel- bis grobstrukturierte Wandbekleidungen, z. B. Raufasertapeten mit Körnung RM oder RG nach BFS-Info 05-01 ▪ matte, gefüllte Anstriche/Beschichtungen (z. B. quarzgefüllte Dispersionsbeschichtung), die mit langflorigem Farbroller oder mit Strukturrolle aufgetragen werden | Abgeriebene Putzoberflächen sind geeignet z. B. für: ▪ matte, gefüllte Anstriche/Beschichtungen Abgeriebene Putzoberflächen können auch geeignet sein für: ▪ grob strukturierte Wandbekleidungen, z. B. Raufasertapeten mit Körnung RG nach BFS-Info 05-01 | Gefilzte Putzoberflächen sind geeignet z. B. für: ▪ matte, gefüllte Anstriche/Beschichtungen Gefilzte Putzoberflächen können auch geeignet sein für: ▪ grob strukturierte Wandbekleidungen, z. B. Raufasertapeten mit Körnung RG nach BFS-Info 05-01 | Standardanforderung an die Ebenheit |
| Q 3 | geeignet z. B. für: ▪ Oberputze, Körnung > 1,0 mm (für feinere Oberputze siehe Q 3 – geglättet) ▪ Wandbeläge aus Fein-Keramik, großformatige Fliesen, Glas, Naturwerkstein usw. (z. B. > 1 600 cm² bei einer Druckfestigkeit von > 6 N/mm²) | geeignet z. B. für: ▪ Oberputze, Körnung ≤ 1,0 mm ▪ Fein strukturierte Wandbekleidungen, z. B. Raufasertapeten mit Körnung RF oder RG nach BFS-Info 05-01 ▪ matte, fein strukturierte Anstriche/Beschichtungen | geeignet z. B. für: ▪ matte, nicht strukturierte/nicht gefüllte Anstriche / Beschichtungen | geeignet z. B. für: ▪ matte, nicht strukturierte/nicht gefüllte Anstriche/Beschichtungen | Standardanforderung an die Ebenheit [c] |
| Q 4 | – | geeignet z. B. für glatte Wandbekleidungen und Beschichtungen mit Glanz, z. B.: ▪ Metall, Vinyl- oder Seidentapeten ▪ Lasuren oder Anstriche/Beschichtungen bis zum mittleren Glanz ▪ Spachtel- und Glättetechniken | geeignet z. B. für: ▪ Lasuren oder Anstriche/Beschichtungen bis zum mittleren Glanz | geeignet z. B. für: ▪ matte, nicht strukturierte/nicht gefüllte Anstriche/Beschichtungen | erhöhte Anforderungen an die Ebenheit |

[a] Bei der Angabe von Qualitätsstufen muss immer die gewünschte Ausführungsart „abgezogen", „geglättet", „abgerieben" oder „gefilzt" mit angegeben werden, z. B. „Q 2 – geglättet".
[b] Die Qualitätsstufe Q 2 wird ausgeführt, wenn keine darüber hinausgehenden Anforderungen vertraglich vereinbart wurden.
[c] In der Ausführungsart „abgezogen" gelten erhöhte Anforderungen an die Ebenheit.

Tabelle aus Broschüre Leitlinien für das Verputzen von Mauerwerk und Beton Grundlagen für die Planung, Gestaltung und Ausführung IWM Industrieverband WertMörtel e. V.

Bei den Qualitätsstufen wird nicht die Mörtelart expliziert genannt. So muss man davon ausgehen, dass sie auch für den Lehmputz gelten. Die Bearbeitung der Oberfläche von Lehmputzen kann dabei auch abgezogen, geglättet, abgerieben und gefilzt sein. Viele Beschichtungen die in der Tabelle aufgezeigt werden, treffen dann allerdings für den Lehmputz nicht zu. Die Lehmoberfläche wird mit einer Kalk- oder Lehmfarbe beschichtet (Erhaltung des offenen Systems beim Lehm – Feuchteaufnahme und -abgabe), alle anderen Beschichtungen sperren die Oberfläche ab.

Zwar nicht speziell für Lehmputze, aber für Gipsputz, macht der Bundesverband der Gipsindustrie e. V. Industriegruppe Baugips im Merkblatt 3 Qualitätsstufen für abgezogene, geglättete, abgeriebene und gefilzte Putze eine Festlegung, die umso mehr für Lehmputz übernommen werden kann: „Von Putzoberflächen, die in handwerklicher Leistung bei unterschiedlichen Umgebungsbedingungen hergestellt werden, dürfen nicht dieselben Oberflächengüten wie bei industriell hergestellten Gebrauchsgütern erwartet werden; dies gilt auch für die Gleichmäßigkeit des Farbeidruckes der Oberfläche." (Zitat aus Merkblatt 3 Qualitätsstufen) Für den Lehmputz gilt für mich die Qualitätsstufe 3 als das Maximale.

## Technologie des Putzauftrages

### Lehmputzaufbau

Die Wahl des Putzaufbaus wird vom Untergrund und der erwünschten Oberfläche bestimmt. Auch besondere Anforderungen wie thermische Beanspruchung (bei Wandheizung) oder die Notwendigkeit von Bewehrungsgeweben können den Putzaufbau bestimmen. Der Putzaufbau beeinflusst die Wahl der Mörtelkörnung und umgekehrt. Es gelten ähnliche Regel wie bei anderen Mörteln aus mineralischen Bindemitteln, z. B. Kalkputzmörtel. Grundsätzlich sollen Deckputze nicht wesentlich fester als Unterputze sein (die Putzlagen sollen nach Außen immer weicher werden), andernfalls führen schon geringe Verformungen oder thermische Spannungen zu Abplatzungen.

„Grobkörnige Mörtel ($\geq 1$ mm Körnung) sind für dickere Aufträge von ca. 8–15, im Einzelfall sogar bis 35 mm geeignet. Feinkörnige Mörtel ($\leq 1$ mm Körnung) werden für Aufträge bis 10 mm oder auch für die Dünnlagenbeschichtung von 2–5 mm Dicke verwendet." (Zitat: Lehmbau-Praxis Planung und Ausführung Röhlen/Ziegert Bauwerk Verlag 2010).

Man unterscheidet einlagige und mehrlagige Lehmputzausführung.

Einlagiger Putz (Abb. 3.16a) eignet sich bei ebenen, gleichsaugenden Untergrund und geringen Ansprüchen. Zweilagiger Putz (Abb. 3.16b) besteht aus
Unter- und Oberputz und eignet sich bei ebenem Untergrund. Durch Vorspritz
kann unterschiedliches Saugverhalten des Untergrundes und geringe Uneben-
heiten egalisiert werden. Damit lassen sich Putzoberflächen von hoher Qualität
erzielen. Auf den folgenden Abbildungen werden durch den Lehmbauer Thomas
Hofmann aus Hohendorf/Groitzsch (Deutschland) die einzelnen Arbeitsschritte
für einen zweilagigen Putz demonstriert. Der Unterputz wird angebracht, eben
gezogen und in den frischen Unterputz wird oft in das obere Drittel zur Sta-
bilisierung des Putzes eine Bewehrungsgage mit der Glättkelle eingearbeitet.
Die Bewehrungsgage ist danach völlig mit Lehmmörtel überdeckt (Abb. 3.17a).
Nach Abtrocknung des Unterputzes wird dieser befeuchtet (gleichmäßige Durch-
feuchtung, aber kein Auflösen des Lehmes) (Abb. 3.17b). Anschließend wird

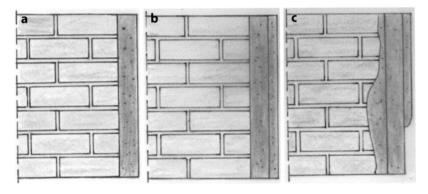

**Abb. 3.16 a** Einlagig. **b** Zweilagig. **c** Zweilagig mit Ausgleichsschicht

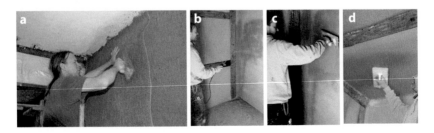

**Abb. 3.17**

der Oberputz aufgezogen (Abb. 3.17c). Nach Fertigstellung des Oberputzes kann dieser weiter bearbeitet (z. B. filzen) werden (Abb. 3.17d). Sollten Flächen des Oberputzes schon zu stark angetrocknet sein, sind diese wieder zu befeuchten.

Ist ein Putzuntergund sehr uneben, so müssen die Fehlstellen zunächst ausgeworfen um den Untergrund eben zu gestalten (Abb. 3.16c). Um ein gleichmäßiges Saugverhalten des Untergrundes zu erreichen, empfiehlt es sich nicht nur die Fehlstellen auszuwerfen, sondern einen Vorspritz über den gesamten Untergrund aufzuziehen. Es handelt sich dabei um keine Putzlage, sondern um eine Putzschicht. Sollte man auf einen Untergrund einen Feinputz aufziehen, so ist dies auch keine Putzlage sondern auch nur eine Putzschicht.

## Lehmputzauftrag

Der Lehmputz kann mit vier verschieden Technologien auf den Untergrund aufgezogen werden.

### Anwerfen

Der Mörtel wird mit einer Putzerkelle an die Wand angeworfen (Abb. 3.18). Dabei sollten die angeworfenen Putzmengen je Wurf gleichmäßig über den Untergrund verteilt sein (vereinfacht das Abziehen der Oberfläche). Die Wurfbewegung ist im Abschluss immer zur Wand.

Beim Lehmbaukurs in Hostim (Tschechien) wurden zunächst Putzlehren an der Wand angebracht (erleichtert das Putzen und ermöglicht eine ebene Oberfläche, erfahrene Putzer brauche diese Hilfe nicht), bevor dann die dazwischen liegende Fläche mit Mörtel angeworfen und auf den Putzlehren abgezogen wurde. Anschließend werden die Putzlehren entfernt und die durch die Putzlehren entstandenen Vertiefungen ausgeworfen und nochmals abgezogen (Abb. 3.18).

Bei einen Strohballenhaus in Hotnitsa (Bulgarien) wurde innen ein Putzausgleich mit der Hand aufgetragen (beim Baustoff Lehm brauchte man eigentlich keine Handschuhe zu tragen). So war es möglich, den Lehmputz tief in die Strohoberfläche einzubringen und eine sehr gute Haftung zu erreichen. Anschließend wurden ein Unterputz mit Armierung und dann der Oberputz aufgetragen (Abb. 3.19a, b).

Die andere Methode ohne Werkzeug die Lehmmasse an die Wand zu bringen, konnte ich in Hostim (Tschechien) beobachten. Faustgroße Materialmengen (Abb. 3.20a) wurden zielgerichtet an die Wand geworfen bis eine gewisse Fläche bedeckt war und anschließend wurde diese geebnet (Abb. 3.20b). Sind nach dem Anwerfen und Glattziehen der Oberfläche noch Fehlstellen in der Putzoberfläche,

**Abb. 3.18**

**Abb. 3.19**

**Abb. 3.20**

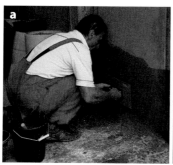

**Abb. 3.21**

werden diese nachträglich ausgeworfen und die Oberfläche erneut glatt gezogen (Abb. 3.20c).

## Aufziehen

Auf das Aufziehbrett oder Glättkelle wird das Material gegeben, an der Wand mit dem Abstand der Putzstärke angesetzt und die Putzmasse mit den begonnenen Abstand zur Wand unter Druck aufgezogen bis keine Masse mehr vorhanden ist. Das Werkzeug ist zum Schluss zur Wand zu führen, ansonsten zieht man den Putz wieder von der Wand (Abb. 3.21a). Sollte der Mörtel zu weich sein, kann man auch in mehreren Schichten aufziehen (Abb. 3.21b).

## Anspritzen

Im Wangeliner Garten des FAL e. V. Europäische Bildungsstätte für Lehmbau (Deutschland) errichtete man ein Strohballengebäude mit Tonnengewölbe für fünf Ferienwohnungen (Abb. 3.22a). Es war also eine große Fläche zu putzen, was effektiv mit Hilfe der Putzmaschine umgesetzt wurde.

Der Einsatz der Putzmaschinen setzt eine größere zu putzende Fläche voraus, bei der das von Hand putzen zu zeitintensiv wird. Man unterscheidet Putzmaschinen für trockenen oder erdfeuchten Lehm der gleichzeitig auch gemischt werden kann (Abb. 3.22b, c), kleinere Putzmaschinen, mit denen man nur verarbeitungsfertigen Lehm putzen kann aber auch Putzmaschinen für den kleineren Gebrauch, bei der aus einen Trichter über Druckluft der Lehm verputzt werden kann.

Vor dem Putzen des Tonnengewölbes wurde der Untergrund kontrolliert. Es geht dabei darum, dass keine Fehlstellen im Strohgefüge vorhanden sind, die sich negativ auf den Putz auswirken könnten (Abb. 3.22d). Anschließend wird der Putz

**Abb. 3.22**

angespritzt (Abb. 3.22e). Die Lehmmasse wird vor dem Austritt aus der Düse mit Wasser vermengt, sodass die richtige Putzkonsistenz entsteht (Abb. 3.22f). Nach dem Auftrag zieht man die Oberfläche eben. Ebenfalls mit der Putzmaschine wird die Fläche mit der Wandheizung aufgezogen (Abb. 3.22g, h).

Beim Einputzen der Wandheizung ist etwas mehr zu beachten als beim „normalen" Putzen. Es wird dabei dreilagig geputzt (2 × Unterputz, 1 × Oberputz). Die erste Lage auf dem Untergrund (Heizrohre Durchmesser 16 mm plus Halterung) wird 25 mm dick ausgeführt, abgezogen und reicht bis zur Oberkante der Heizungsrohre. Die Lage muss vollständig getrocknet sein (Trockenheizen ist möglich – auftretende Schwindrisse werden durch die nächste Lage überdeckt). Erst dann kann die zweite Unterputzlage (ggf. annässen) mit einer Dicke von 3 bis 5 mm aufgezogen werden. Die Rohre sind dabei vollständig zu überdecken. In diese Putzlage wird dann das Armierungsgewebe eingebunden. Stöße sind dabei min. 10 cm zu überlappen. Nach vollständiger Trocknung der Unterputzlage kann dann der Oberputz bis 5 mm Stärke aufgebracht werden. Es entsteht also eine Heizrohrüberdeckung von max. 10 mm, was eine schnelle Reaktionszeit der Heizung ermöglichen. Ein Trocknungsprotokoll ist anzulegen.

## Eckausbildung

Die Außenecken werden besonders bearbeitet. Dabei gilt: Eckschienen können sein (bei hoch zu erwartenden Belastungen), müssen aber nicht sein. Bei der Bearbeitung von Außenecken gibt es mehrere Möglichkeiten.

### Ecke mit Grad (klein oder groß)
Der Unterputz wird an der Ecke scharfkantig ausgeführt. Die Kante sollte gerade und senkrecht verlaufen (Abb. 3.23). Dann wird die Ecke mit der Japanischen Gradkelle (rund) profiliert (Abb. 3.23) Der Oberputz wird zunächst auch scharfkantig angelegt (Abb. 3.23) und dann wiederum mit der Japanischen Gradkelle (rund) in Form gezogen (Abb. 3.23).

Hat man keine Japanischen Gradkelle (rund) zur Verfügung, so kann die Abrundung der „scharfen" Ecke auch „frei Hand" erfolgen. Der Unterputz wird an der Ecke scharfkantig ausgeführt. Die Kante sollte gerade und senkrecht verlaufen (Abb. 3.24a.1). Kante leicht mit der Glättkelle brechen und Grad ziehen – auf beiden Seiten der Ecke entsteht eine Materialwulst (Abb. 3.24a.2). Die Materialwulst in Pfeilrichtung nach beiden Seiten in die Putzfläche verstreichen

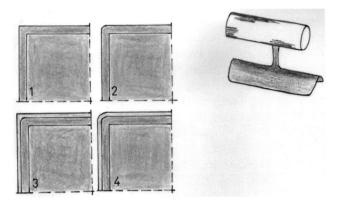

**Abb. 3.23**

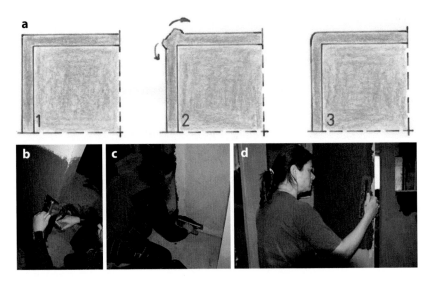

**Abb. 3.24**

und gleichzeitig die Rundung der Ecke profilieren (Abb. 3.24a.3). Mit dem Oberputz verfährt man in gleicher Weise. Die Abb. 3.24b, c, d zeigen die einzelnen
Arbeitsschritte.

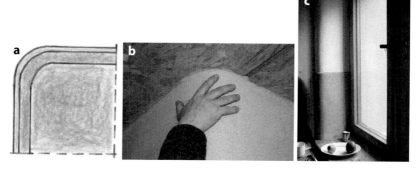

**Abb. 3.25**

## Abgerundete Ecke

Soll die Rundung an der Ecke größer ausgebildet werden als bisher beschrieben, muss der Untergrund bereits einen entsprechenden Radius aufweisen. Der Untergrund der Ecke wird mit einer Rundung profiliert. So kann man Unter- und Oberputz dem Untergrund folgend in jeweils gleicher Putzdicke aufgetragen und mit der Gättkelle profilieren (Abb. 3.25a). Im Training Center Batipole En Limouxin (Frankreich) (Abb. 3.25b) und der Küche bei FAL Wangelin (Deutschland) (Abb. 3.25c) wurde im Schulungsraum die Ecke rund ausgebildet.

## Oberflächenbearbeitung

Nur drei von vielen Möglichkeiten werden auf den Abb. 3.26a, b, c gezeigt, wie man die Lehmputzoberfläche bearbeiten kann. Oberflächenbearbeitung mit der Glättkelle (man kann auch das Reibebrett verwenden), mit dem Schwammbrett erzielt man eine sehr feinkörnige Oberfläche, hat man aber kein Schwammbrett zur Verfügung, wird man ähnliche Oberflächenqualitäten mit einen einfachen Schwamm erzielen.

Bei einer Exkursion in Lysovice (Tschechien) sahen wir die für diesen Ort typische Oberflächengestaltung des Innen- und Außenputz. Diese Gebäude sind innen wie außen mit Lehm mit seiner charakteristischen Oberflächenstrukturierung verputzt (Abb. 3.27a, b). Der Bewohner eines solchen Hauses, der selbst bei Sanierungsarbeiten diese Putztechnologie angewendet und so eine alte Tradition

**Abb. 3.26**

bewahrt hat, demonstrierte uns, wie der Putz strukturiert wird. Man führt die Finger von einer gedachten „Achse" bogenförmig nach rechts und links und erhält so, genügend Übung vorausgesetzt, eine gleichmäßige Oberflächenprofilierung (Abb. 3.27c, d).

Wie kaum ein anderer Putz, mit Ausnahme von Kalkputzen bei der Herstellung von Sgraffito oder anderen Putzen mit Oberflächenstrukturierung, ist der Lehmputz für kreative Oberflächengestaltung hervorragend und fast grenzenlos geeignet.

Während der Denkmalmesse 2008 in Leipzig (Deutschland) hatte das BSZ Leipziger Land mit Unterstützung von FAL e. V. Wangelin die Möglichkeit, die Ausbildung im Berufsvorbereitungsjahr Bautechnik mit dem Thema Lehmbau zu demonstrieren. Bei der Herstellung eines Sgraffito zeigte sich, dass der Baustoff Lehm für Ausbildungszwecke ein geeigneteres Material als Kalkputz ist. Die Oberfläche lässt sich auch nach dem Abtrocknen gut bearbeiten und man ist auch nicht so zeitabhängig wie beim Kalkputz (Abb. 3.28a, b).

In einer zweigeschossigen Ausbildungshalle in Albi (Frankreich) wurde die Vielschichtigkeit der Oberflächengestaltung von Lehmputzen gezeigt (Abb. 3.28c,

**Abb. 3.27**

d, e). Im Training Center Batipole En Limouxin (Frankreich) entstanden die in den Abb. 3.28f, g, h zum Teil sehr plastischen Wandgestaltungen. Das Bürogebäude in Hurby Sur (Slowakei) ist ein freitagender Kuppelbau aus Strohballen für das Prof. Minke verantwortlich zeichnet. Dieser ist innen mit Lehm verputzt. Hier glättete man die Oberfläche nicht einfach, sondern profilierte sie (Abb. 3.28i). Natürlich lässt der Lehmputz auch Oberflächenstrukturen wie wir sie vom anderen Putzen her kennen, zu. Ein Beispiel dazu findet sich in Brugairolles (Frankreich) (Abb. 3.28j). Auf einer glatt ausgeriebenen Wandoberfläche in Berlin (Deutschland) wurden in den noch weichen Oberputz Metallblättchen in Schneckenform eingelegt (Abb. 3.28k). Auch Gräser und Blätter können zur

**Abb. 3.28**

Gestaltung genutzt werden. Diese drückt man in den weichen Oberputz, sie „hinterlassen" ihr Negativ, nachdem man sie wieder entfernt hat (Abb. 3.28l). Auch kann man mit farblich unterschiedlichen Putzen sehr kreativ sein (Abb. 3.28m).

(Fortsetzung)

Der Lehmbaukurs in Erol (Schottland) bot neben Lehmputz, Stampf- und Wellerlehm, Lehmsteinherstellung, kreative räumliche Gestaltung mit Lehm, vermauern von Natursteinen mit Lehmmörtel auch einen Kurs zur Herstellung einer Torfwand (in Island eine traditionelle Bauweise von Häusern, bei der eine Grasnarbe abgestochen wird, um daraus eine Wand aufzuschichten oder ein Dach abzudecken). Die Kursteilnehmer beim Lehmputz entwickelten eine vielfältige Kreativität. Diese ist dem Menschen eigen, aber bei der Arbeit mit dem Lehmbaustoff und seinen Möglichkeiten entfaltet sie sich zur Perfektion und enormer Vielschichtigkeit (Abb. 3.29a, b, c).

## Lehmaußenputz

Bezogen sich alle Richtlinien und Hinweise bisher auf den Innenputz, so gelten diese natürlich auch auf die Putzanwendung im Außenbereich. Nur muss man hier noch intensiver auf Schlagregen, Spritzwasser und mögliche aufsteigende Feuchtigkeit achten. Auch kann der Außenputz durch einen Kalkanstrich

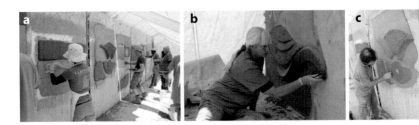

**Abb. 3.29**

geschützt werden, er ist aber kein dauerhafter Anstrich und muss je nach Belastung immer wieder erneuert werden. In der Vergangenheit war dies außer dem Arbeitsaufwand für den Hausbesitzer kein großes Problem. Im ländlichen Bereich hatte der Bauer hinter seiner Scheune eine Kalksumpfgrube (zum Löschen des Brandkalkes). Diesen Löschkalk brauchte er sowieso zum Auskalken seiner Viehställe, der Löschkalk war also vorhanden. Der Lehmaußenputz hat aber auch ohne Anstriche eine lange Haltbarkeit.

Die Wand eines Gebäudes in Abarca de Campos (Spanien) ist mit einem Lehmmörtel mit hohem Strohanteil verputz wurden. Trotz dieser Mischung ist die Oberfläche erstaunlich eben und abriebfest (Abb. 3.30a, b).

Die Umfriedungsmauer eines Grundstückes im gleichen Ort wurde mit Lehm verputzt. Deutlich kann man auch hier den relativ hohen Strohanteil in der Lehmputzmischung erkennen. Für den Lehmputz gab es keinen besonderen Witterungsschutz, aber dafür sorgte man beim Schalter der Außenbeleuchtung für diesen (Abb. 3.31a, b).

**Abb. 3.30**

**Abb. 3.31**

Bisher wurde auf die Oberfläche des Umgebindehauses in Groitzsch (Deutschland), Ortsteil Löbnitz-Bennewitz, kein Schutzanstrich auf den Lehmaußenputz aufgebracht. Der Putz ist sehr feinkörnig und bei der Oberflächenbearbeitung wurde er gut verdichtet und ist nun schon über Jahre fast schadfrei (leichte Oberflächenauflösungen werden sichtbar) (Abb. 3.32a, b). Wie bei gerundeten Außenecken im Innenputz wurden diese am Fenstersturz und der -leibung auch hier außen ausgeführt (Abb. 3.32c).

Obwohl unterschiedliche Baukonstruktionen, erfüllen die drei Objekte immer die gleiche Bedingung – sie haben einen großen Dachüberstand. Bei einen Wochenendhaus in Berlin (Deutschland) wurden die Dachsparren etwa 50 cm

**Abb. 3.32**

**Abb. 3.33**

über die Außenwand gezogen und damit ein genügender Dachüberstand erreicht (Abb. 3.33a). Das Nebengebäude (Wand Fachwerk) in Berlin (Deutschland) wurde der große umlaufende Dachüberstand (ca. 1 m) mit Hilfe von Rähm und aufliegenden Dachsparren erreicht (Abb. 3.33b). Bei dem kleinen Gartengerätehaus in Hradcany (Tschechien) war der Dachüberstand sogar groß genug (in Abhängigkeit von der Wandhöhe), dass man auf eine Sockelkonstruktion verzichten konnte (Abb. 3.33c).

Das Wohnhaus (Strohballenbau) in Hrdcany (Tschechien) besticht nicht nur durch seine außergewöhnliche Architektur (Abb. 3.34a), sondern auch durch seine Ideenvielfalt bei der Außenputzgestaltung und auch im Innenbereich. Die Außenwand im Erdgeschoss wird durch vorgebauten Wintergarten und Laubengang gut vor Witterung geschützt, diese Schutzfunktion übernimmt im Obergeschoss das weit überstehende Dach (Abb. 3.34b).

Das Informationsgebäude (Strohballenbau mit Lehmverputz innen und außen) in einen Landschaftsschutzgebiet bei Windermere (England) ist eine Hangbebauung bei dem der Eingangsbereich ebenerdig ist. Der großzügig überdachte Eingangsbereich und der große Dachüberstand schützen den Außenputz und es

**Abb. 3.34**

**Abb. 3.35**

ist kein Sockel notwendig. Den Höhenausgleich im abgewandten Bereich wurde mit Natursteinen errichtet und man hat so ein ausreichendes Sockelmauerwerk (Abb. 3.35a, b).

Ein Gemeinschaftshaus in einer Gartenanlage bei Tordmorden (England) mit einem Gründach, ist innen und außen mit Lehm verputzt. Der Außenputz wurde überstrichen. Die Bodenplatte lagert auf Altautoreifen. Den Sockelbereich hat man mit Holzplatten verkleidet um den Spritzwasserschutz zu gewährleisten (Abb. 3.36a, b).

Ein Gartencafé mit besonderem Baustil steht im Wangeliner Garten (Deutschland). Die Wände wurden aus Strohballen errichtet und innen wie außen mit Lehm verputzt. Die geschwungenen Außenwände erhielten durch den reich profilierten Putz nochmals eine besondere Note. Zum Ganzen passt dann auch die

**Abb. 3.36**

Sockelausbildung, nicht nur das er sich farblich von der übrigen Putzfläche absetzt, er wird auch nicht in gleicher Höhe ausgebildet (Abb. 3.37a, b).

Das Nebengelass in Stefanovo (Bulgarien) erfüllt alle Anforderungen für ein Gebäude in Lehmbauweise mit Lehmaußenputz („trockene Füße" – Sockelbereich und einen „großen Hut" – Dachüberstand). Nur so wurde die lange Standzeit erreicht und nur so sind die geringen Schäden am Außenputz zu begründen (Abb. 3.38a, b).

**Abb. 3.37**

**Abb. 3.38**

# Putzschäden

Alle verputzte Wand- und Deckenflächen, ob innen oder außen, die Schäden (Risse, Abplatzungen, Fehlstellen, Abspühlungen, Verfärbungen und andere) aufweisen, haben immer entsprechende Ursachen. Diese können sehr vielschichtig sein, müssen aber erkannt und beseitig werden. Ursachen sind zum Beispiel Materialfehler, Untergrundbeschaffenheit, Standort, Verarbeitung und äußere Einflüsse.

## Beispiele für Putzschäden

In Abb. 3.39a ist ein typisches Beispiel für einen Riss im Lehmputz in Berlin (Deutschland) entstanden. Wenn er so gerade verläuft, ist die Ursache eine nichtsachgemäße Stoßüberdeckung (mind. 10 cm) der Bewehrungsbahn im oberen Drittel der Unterputzschicht. Durch eine zu hohe Belastung, die über den Deckenbalken auf das Mauerwerk übertragen wird, entstand der Riss an einem anderen Gebäude in Berlin (Deutschland). Die Ursache könnte neben der zu hohen Belastung auch ein ungenügendes Überbindemaß der Ziegel im Mauerwerk sein, sodass sich der entstandene Mauerriss auch in der Putzfläche abzeichnet (Abb. 3.39b). Getrockneter Lehm löst sich bei genügender Wasserzugabe wieder auf. Bei dem Unterstand in Böhlen (Deutschland) konnte man

Abb. 3.39

das nachweisen. Von der Dachkonstruktion ist Regenwasser an der Wand punktuell heruntergelaufen und hat so den Lehmputz vom Untergrund abgespült (Abb. 3.39c).

Der Putz an einer Wellerlehmwand von einem Gebäude in Groitzsch (Deutschland, Ortsteil Auligk, ist schon sehr schadhaft. Insekten haben sich das zu Nutze gemacht und einen Unterschlupf gefunden. Ökologisch wertvoll, bautechnisch ein Schaden. Die Lösung wäre die Ausbesserung der schadhaften Wand und der Neuverputz. Gleichzeitig muss man zwingend für die Insekten Ersatz schaffen (z. B. Insektenhotel) (Abb. 3.40a, b).

Die Abb. 3.41a zeigt eine ungewollte „Begrünung" an einer Putzfläche. Sie konnte in dem Ausbildungszentrum in Albi (Frankreich) beobachtet werden. Im Lehmputz ist Stroh beigemischt, der noch Körner enthielt. Der Putz muss so

**Abb. 3.40**

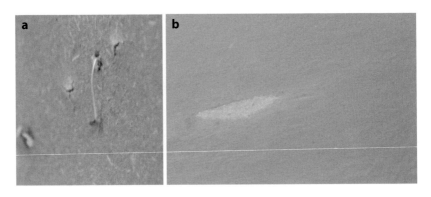

**Abb. 3.41**

lange zum Trocknen gebraucht haben, dass aus dem Korn ein Pflanzenspross entstehen konnte. Diese Situation ist durchaus nicht praxisfremd. In Groitzsch (Deutschland), Ortsteil Kleinpriesligk, sanierte ein Bauherr sein Fachwerkhaus ökologisch, u. a. mit Lehm als Innenutz. Nach einer geraumen Zeit zeigten sich an einer Wand, die lange trocknen musste, Pflanzensprossen. Es war die gleiche Situation wie in Albi, es befanden sich noch Körner im Lehmstrohgemisch und es gab eine lange Feuchtesituation an der Wand. Die Lösung: Für zügige Trocknung sorgen, Pflanzensprosse entfernen und die Putzfläche nochmals überarbeiten. Im Training Center Batipole En Limouxin (Frankreich) war hinter einer Tür in Klinkenhöhe an der Wand ein typischer Putzschaden zu sehen – Eindruck der Türklinke in der Oberfläche (Abb. 3.41b). Der Schaden kann gut repariert werden, es muss nur zukünftig dafür gesorgt werden, dass die Türklinge nicht mehr an die Wand anstößt (z. B. Türstopper).

Bei dem Gebäude in Habrovany (Tschechien) waren gleich drei Schäden in der Putzfläche zu erkennen: 1) Der Außenputz wurde nicht über die gesamte Fläche in einen Arbeitsgang aufgezogen und gleiche Mischungen verwendet. So entstehen Stoßstellen mit unterschiedlicher Färbung und Oberflächenstruktur. 2) Der Putz an der eingebauten Sohlbank an den Fensterfaschen ist bereits jetzt schon abgewaschen. (Abb. 3.42a) 3) Die Sohlbank wurde vor der Putzmaßnahme noch nicht eingebaut, damit gibt es Probleme beim nachträglichen Einbau (Abb. 3.42b).

Wenn Regen auf den Untergrund (auf den Terrassenboden) auftrifft, entsteht mehr oder weniger Spritzwasser. Am Gebäude in Hradcany (Tschechien) reichte der Dachüberstand nicht, um sowohl das Spritzwasser als auch Schlagregen zu abzuhalten. Das Spritzwasser und der Schlagregen lösten die Lehmoberfläche vom Putz, am Türrahmen erkennt man noch die Lehmspritzer. (Abb. 3.43a) Das Gebäude des Ökologiezentrums in Tordmorden (England) ist ein Strohballenhaus

**Abb. 3.42**

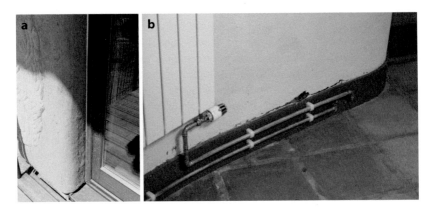

**Abb. 3.43**

mit Außen- und Innenlehmputz. Der Anschluss der Sockelleiste im Bereich der
Heizungsrohre ist hier ein Problem und führte zum Abriss des Putzes an der
Kontaktstelle (Abb. 3.43b).

Der zweilagige Außenputz an diesem Nebengebäude in Lysovice (Tschechien)
ist flächig sehr gerissen und es gibt schon erste Abplatzungen. Ober- und Unterputz sind zu fett und es kommt zu solch einem Putzschaden (Abb. 3.44a). Die
Sohlbank aus Holz am Gebäude in Groitzsch (Deutschland), Ortsteil Löbnitz-
Bennewitz, ist noch im Original erhalten. Durch ihre Konstruktion wird das
Regenwasser in der Mitte der Sohlbank abgeleitet. Da der Putz an der Unter-
kannte der Sohlbank abschließt, also keine Tropfkante mehr vorhanden ist, kann
das Regenwasser die Lehmoberfläche abspülen (Abb. 3.44b).

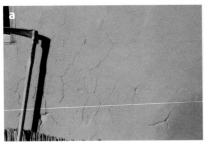

**Abb. 3.44**

**Abb. 3.45**

Die Giebelseite eines Gebäudes im von FAL e. V. in Wangelin (Deutschland) ist in Richtung Westen angeordnet. Trotz größeren Dachüberstand als üblich am Ortgang reicht dieser nicht, dass Regen ein Teil der Wandoberfläche mehr durchfeuchtet als geplant (Abb. 3.45).

## Putzsanierung

Bei auftretenden Putzschäden im Lehmbau ist es wie bei allen Bauschäden, die Ursachenuntersuchung und -erkennung ist die wichtigste Voraussetzung, um die Sanierung qualitätsgerecht ausführen zu können. Es ist also völlig unsinnig und kurzlebig, wenn man bei einem Bauschaden nur diesen beseitigt. Die Ursache des Schades muss erkannt und zunächst beseitigt werden, um dann mit der Sanierung beginnen zu können, nur so lassen sich Folgeschäden vermeiden. Im Lehmbau geht dabei vieles einfacher, gegenüber anderen Putzschäden. Lässt sich doch dieser Baustoff (wenn nicht durch Schadstoffe verunreinigt) immer wieder verwenden, aber man braucht auch ein paar spezielle Lehmbaukenntnisse. Im Projekt „Life Long Learning Leonardo da Vinci Partnership Projekt LearnWithClay wurde dazu auch eine Lerneinheit erarbeitet.

# Brandschutz

Der reine Baustoff Lehm ist nicht brennbar. Erst wenn eine genügend große Beimengungen von pflanzlichen Stoffen (Holzspäne, Stroh, Fasern, …) erfolgt, verändert sich diese Eigenschaft zum Negativen bezogen auf die Brennbarkeit. Auch mit Lehmputzen kann man einen Feuerwiderstand für die darunterliegende Wandkonstruktion erhöhen, er muss nur entsprechend dick aufgetragen sein. Auch ohne Festlegung in einer DIN-Norm wusste man schon mit dem Beginn der Verwendung von Lehm von seiner Eigenschaft im Brandfall.

So hat man den Bodenzugang in einen Görlitzer Mehrfamilienhaus (Deutschland) mit Lehm brandschutztechnisch geschützt. Selbst das Türblatt wurde mit Lehm beschichtet. Die Tür ist auch selbstschließend, denn sollte man sie nicht gleich schließen, ist sie so konstruiert, dass sie immer von alleine zu geht (Abb. 3.46a, b).

**Abb. 3.46**

**Abb. 3.47**

## Werkzeug

Der Lehmbauer verwendet für die Putzarbeiten die Werkzeuge wie sie auch der Maurer, Putzer, Gipser und Stuckateur verwendet (Kelle, Richtscheit, Aufziehbrett, Kartätsche, Glättkelle, Reibebrett, Schwammbrett, …). (Abb. 3.47a) Darüber hinaus haben sich japanische Werkzeuge im Lehmbau etabliert. Diese sind anders gestaltet als europäische Werkzeuge gleicher Verwendung und lassen sich dadurch für die Lehmputzarbeiten auch besser einsetzen. Zum Anderem gibt es eine Anzahl von speziellen Werkzeugen japanischen Ursprungs (Gradkellen in unterschiedlicher Ausführung, Feinputzkellen, Kehlkellen, Spitzkellen u. a.). Die Abb. 3.47b zeigt eine kleine Auswahl.

# Schlussbetrachtung 4

Lehmputz ist ein „lebendiger" Putz, der nicht in jeden Fall den Qualitätsstufen für mineralische Putze entsprechen muss. Er lässt enormen Spielraum für die Oberflächengestaltung (Profilierung in Hradcany (Tschechien) (Abb. 4.1a), Farbgestaltung in Wangelin (Deutschland) (Abb. 4.1b), Sgraffiti in Hruby Sur (Slowakei) (Abb. 4.1c), und vieles mehr zu. Mit ihm kann man aber auch Oberflächenqualitäten erreichen, die keinen Vergleich mit anderer Putzen scheuen müssen, z. B. in Berlin (Deutschland) (Abb. 4.1d). Es gibt auch eine bestimmte Anwendung, wie das Einputzen einer Wandheizung, bei dem kein anderer Putz als der Lehmputz geeigneter ist, z. B. in Berlin (Deutschland) (Abb. 4.1e). Im Innenbereich beeinflusst der Lehmputz, entsprechende Dicke vorausgesetzt, das Raumklima und absorbiert Gerüche und unter bestimmten Bedingungen kann er auch als Außenputz Verwendung finden, z. B. in Berlin (Deutschland) (Abb. 4.1f).

Das Kulumba-Museum in Köln (Deutschland) ist der lebendige Beweis zu welchen Leistungen man mit Lehmputzen in der Lage ist. Die hier mit Lehm verputzen Oberflächen haben ein gigantisches Ausmaß, sind in ihrer Ausführung von hoher Qualität und „unterstützen" mit ihrer lehmartigen Farbgebung im höchsten Maße die im Museum dargestellten Kunstobjekte (Abb. 4.2a, b, c).

© Der/die Autor(en), exklusiv lizenziert an Springer Fachmedien Wiesbaden GmbH, ein Teil von Springer Nature 2022
D. Schäfer, *Lehmputze und ihre Anwendungen,* essentials,
https://doi.org/10.1007/978-3-658-37516-4_4

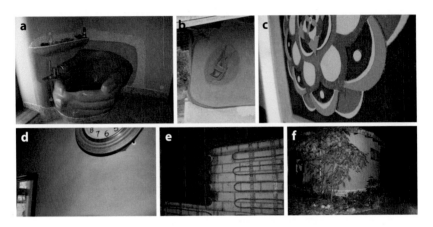

Abb. 4.1

Abb. 4.2

# Begriffe

| | |
|---|---|
| Abgeriebene Putzflächen | Nach Abziehen der Oberfläche wird mit einem Reibebrett die Putzoberfläche bearbeitet |
| Abgezogene Putzflächen | Oberflächenbearbeitung mit der Kartätsche oder den Metallrichtscheit, um die Fläche lot- und fluchtrecht abzuziehen. Die Flächen dienen als Untergrund für Fliesen- oder Natursteinbeschichtungen, oder sind Oberflächen in untergeordneten Bereichen |
| Adobe | Spanischer Begriff, ist die Bezeichnung im englischsprachigen Raum für einen Lehmstein |
| Baulehm | Ist ein Lehm, der für Lehmbaustoffe geeignet ist |
| Berg- und Gehängelehm | Lagert an den Berghängen oder auf den Gesteinen, wo er entstand. Sein Materialgerüst ist meist kantig mit unterschiedlich großer Körnung |
| Blockbauweise | Eine Holzbautechnik für Wandkonstruktionen im Hausbau (auch Brunnen-, Wasser- und Gründungsbau, Befestigungsanlagen), bei der Rundhölzer oder Balken liegend aufeinandergeschichtet werden |
| DIN | Ist die veraltete Bezeichnung für Deutsche Industrienorm. DIN ist heute das Deutsche Institut für Normung, welches DIN-Normen (Standards) erarbeitet und herausgibt. Daneben gelten international ISO-Normen und europäische Normen EN |
| First | Ist die obere Abschlusskante einer Dachfläche |
| Gefilzte Putzoberflächen | Nach Abziehen der Oberfläche wird mit einem Filzbrett die Putzoberfläche bearbeitet |

© Der/die Herausgeber bzw. der/die Autor(en), exklusiv lizenziert an Springer Fachmedien Wiesbaden GmbH, ein Teil von Springer Nature 2022
D. Schäfer, *Lehmputze und ihre Anwendungen*, essentials,
https://doi.org/10.1007/978-3-658-37516-4

| | |
|---|---|
| Geglättete Putzflächen | Nach der Erstellung einer abgezogenen Putzfläche wird zeitnah (abgezogener Putz beginnt zu versteifen, hat aber noch genügend Eigenfeuchte) die Oberfläche mit dem Filzbrett bearbeitet und dem Flächenspachtel geglättet |
| Geschiebelehm | Ist aus Ablagerungen während der Eiszeit mit abgerundetem Mineralgerüst entstanden |
| Grubenlehm | Ist im gewachsenen Boden vorhandener erdfeuchter Lehm |
| Grünling | Ist ein stranggepresster Lehmstein |
| Fetter Lehm | Ist Lehm mit einem hohen Tonanteil |
| Lehm | Ist ein Verwitterungsprodukt von Gesteinen, Gemisch aus Ton (Bindemittel), Sand/Kies, Schluff (Feinstbestandteile – Körnung lässt sich beim Reiben zwischen den Fingern nicht mehr feststellen) |
| Lehmbatzen | Ist ein ungeformter Lehmklumpen |
| Lößlehm | Ist ein durch Ablagerungen von Löß (staubförmiger Sand mit Ton- und Kalkanteilen) durch Wind bewegtes Material, aus dem vor Ort der Kalk herausgewaschen wurde. Sehr feinkörniges Mineralgerüst |
| Magerer Lehm | Ist ein Lehm mit einem geringen Tonanteil |
| Maugen (auch sumpfen) | Der Baulehm wird vor der Verarbeitung in Wasser „eingelegt", damit die Tonteilchen die Feuchtigkeit aufnehmen können (quellen) und so die Sandkörner umschließen und verkitteten können |
| Mergel | Ist ein Geschiebelehm, der kalkhaltig ist |
| Ortgang | Ist die seitliche Begrenzung der Dachfläche am Giebeldreieck. Er ist die Verbindung von den Endpunkten von First und Traufe |
| Recyclinglehm | Gewinnt man aus dem Abbruch von Lehmbauten, der aber frei von Schadstoffen sein muss |
| Schluffiger Lehm | Ist ein Lehm, der einen zu hohen Anteil an Schluff hat |
| Sohlbank | Ist der untere, äußere Abschluss einer Laibung zwischen einer Brüstung und dem Fenster. Sie wird mit einen Winkel von etwa 5 Grad eingebaut, um das Niederschlagswasser abzuleiten |
| Schwemmlehm | Ist vom ursprünglichen Lagerort durch Wasserbewegung mitgenommener Lehm, der dann wieder mit abgerundetem Mineralgerüst abgesetzt wurde |
| Schwinden | Ist die Volumenverkleinerung beim Trocknen des Lehms |
| Traufe | Ist die untere Abschlusskante der Dachfläche. (Tropfkante) |

| Trockenlehm | Ist getrockneter Grubenlehm |
|---|---|
| Überbindemaß | Ist der Stoßfugenversatz von Mauerschichten |

# Was Sie aus diesem *essential* mitnehmen können

- Dieses Essentials ist ein Einblick in die Anwendung des Baustoffs Lehm für Lehmputze. Im Literaturverzeichnis findet man genügend Literaturangaben, die über den Lehmbau und die Anwendung von Lehmputzen informieren. Es soll aber auch gezeigt werden, dass man europäisch bemüht ist, Lehmputze nicht in Vergessenheit geraten zu lassen, weiterzuentwickeln und zum Thema Lehmputze vielfältige Ausbildungsmöglichkeiten zu schaffen. Vertieft man sich in den Baustoff Lehm, so kommt man von ihm nicht mehr los.
- Ich hatte die Gelegenheit am BSZ Leipziger Land an dem Projekt „Life Long Learning Leonardo da Vinci Partnership Projekt LearnWithClay" teilzunehmen und mich dort einzubringen, meine Kenntnisse und Fertigkeiten im Lehmbau weiterzuentwickeln und in der Ausbildung an Lernende zu vermitteln.
- Wenn ich den Leser, der sich bisher noch nicht mit Lehm beschäftigt hat, auf diesen Baustoff neugierig gemacht und damit erreicht habe, dass er sich zukünftig damit auseinandersetzt, dann ist ein erster Schritt erreicht. Das Folgende ist dann die Aneignung von umfassendem Wissen über den fabelhaften, ökologischen Baustoff Lehm und das Machen. Man braucht also bei der Anwendung von Lehm am Bauwerk keine Scheu zu haben. Er bietet so viele Möglichkeiten in seiner Anwendung.
- Der Baustoff Lehm kann als Putzmaterial genutzt werden, egal aus welchem Untergrund die Wand- und Deckenkonstruktion besteht. Damit verbessert man die Wohnraumbedingungen und schafft sich so ein besseres Raumklima im Innenbereich.
- Lehmbau ist historisches und modernes Bauen.

# Literatur

Abigt, E. und Heyer, H. 1918 *Die billigste Bauweise der Gegenwart* Heimkulturverlag G.m.b.H. Wiesbaden

Autorenteam (50) 2011 *Terra Europae* Edizioni ETS

Cointereaux, Francois 1803 *Der Lehmbau Pise'-Baukunst* Reprint-Verlag-Leipzig Originalausgabe

Dachverband Lehm 2009 *Lehmbau Regeln* Viehweg + Teubner

*DIN 18942-1 2018-12 Lehmbaustoffe* Teil 1 Begriffe

*DIN 18942-100 2018-12 Lehmbaustoffe* Teil 100 Konformitätsnachweis

*DIN 18945 2018-12 Lehmsteine* Anforderungen und Prüfverfahren

*DIN 18946 2018-12 Lehmmauermörtel* Anforderungen und Prüfverfahren

*DIN 18947 2018-12 Lehmputzmörtel* Anforderungen und Prüfverfahren

*DIN 18948 2018-12 Lehmplatten* Anforderungen und Prüfverfahren

ECVET Lehmbau. 2009 *Wege zum Lehm* Eine europäische Gebrauchsanweisung. CRAterre e'ditions

Fauth, Wilhelm 1946 *Der praktische Lehmbau* Limes-Verlag Wiesbaden

Fauth, Wilhelm 1933 *Der Strohlehmständerbau* Velagsgesellschaft R. Müller m.b.H. Eberswalde-Berlin 1933

Fellmer, Rosemarie 1996 *Der Dorfweg Lehm – Rückbesinnung auf einen uralten Baustoff* Mitteilungen des Vereins zur Regionalförderung von Traditionspflege, Dorflandschaft und Volksbauweise – Fachwerk heute e. V. Chemnitz

Fromme, Irmela und Herz, Uta 2012 *Lehm- und Kalputze* ökobuch Staufen bei Freiburg

Gasch, Hans Albrecht und Glaser Gerhard Historische 2011 *Putze Materialien und Technologien* Sandstein-Verlag Dresden

https://www.dachverband-lehm.de/wissen/fachliteratur

Küntzel, Carl 1939 *Lehmbauten* Reichsnährstand Verlag Ges.mbH Berlin Nr. 4

Keable, Julian und Keable, Rowland 2005 *Rammed Earth Structures* Practical Action Publishing Reprinted

Knoll, Franziska und Klamm, Mechthild 2015 *Baustoff Lehm – seit Jahrtausenden bewährt* Landesamt für Denkmalpflege und Archäologie Sachsen-Anhalt Landesmuseum für Vorgeschichte Halle (Saale)

Krüger, Silke 2004 *Stampflehm* manudom verlag Aachen

Miller, T. (Prof. Dipl.-Ing.); Baumeister Grigutsch, E. (Baumeister); Schulze, K.W. (Dr.) 1947 *Lehmbau Fibel* Forschungsgemeinschaft ländliches Bau- und Siedlungswesen Hochschule Weimar

Minke, Gernot 1984 *Bauen mit Lehm* ökobuch Verlag

Minke, Gernot 2009 *Handbuch Lehmbau* ökobuch Verlag Staufen

Minke, Gernot 2011*Gewölbe zum Wohnen und Arbeiten, zum Musizieren und Meditieren* Schriftenreihe Lehmmuseum Gnevsdorf Heft 1 Herausgeber: FAL e. V. E'dition Belin 2009

Niemeyer, Richard 1946 *Der Lehmbau* ökobuch Verlag Staufen bei Freiburg/Br. Originalausgabe

Niewierowiza, M. 1930 *Wznoszenie Budynkow z Gliny* Wilno, Milanowek 2014

Pilz, Achim 2010 *Lehm im Innenraum Eigenschaften, Systeme, Gestaltung* Frauenhofer IRB Verlag Stuttgart

Preßler, Erhard 1994 *Das Ausfachen mit Lehm* Interessengemeinschaft Bauernhaus e. V.

Röhlen, Ulrich und Ziegert, Christof 2010 *Lehmbau-Praxis* Bauwerk Verlag GmbH, Berlin

Scharf, Thomas 2014 *Lehmbau-Bilderbuch* Frauenhofer IRB Verlag

Schillberg, Klaus und Knieriemen, Heinz 1996 *Naturbaustoff Lehm* AT Verlag Aarau/Schweiz

Schillberg, Klaus und Knieriemen, Heinz 2001 *Bauen und Sanieren mit Lehm* AT Verlag Aarau/Schweiz

Schofield, Jane und Smallcombe, Jill 2007 *Cob Buildings A Practical Guide* Published in Great Britain

Schönburg, Kurt 2008 *Lehmbauarbeiten* Beuth Verlag GmbH Berlin-Wien-Zürich

Schönburg, Kurt 2005 *Beschichtungstechniken* heute HUSS-MEDIEN GmbH Verlag Bauwesen Berlin

Schönburg, Kurt 2002 Historische Beschichtungstechniken Verlag Bauwesen Berlin

Schröder, Horst 2010 *Lehmbau* Vieweg + Teubner Wiesbaden

Schuh, Robert 2011 *Lehmfarben Lehmputze Kreative Gestaltungsideen Schritt für Schritt* Deutsche Verlags-Anstalt

Stulz, Roland und Mukerji, Kiran 1998 *Appropriate Building Materials A Catalogue of Potential Solutions* SKAT Publications & ITDG Publishing

Szewczyk, Jaroslaw 2013 *Nietypowe Budulce* Bialystok

Volhard, Franz 1995 *Leichtlehmbau* Verlag C.F. Müller GmbH Heidelberg

Volhard, Franz 2013 *Bauen mit Leichtlehm* Springer-Verlag/Wien

*Volhard, Franz 2010 Lehmausfachung und Lehmputze* Frauenhofer IRB Verlag Stuttgart

Weismann, Adam & Bryce, Katy 2009 building with cob *a step-by-step guide* Green Books Ltd, Foxhole, Dartington, Totnes, Devon TQ9 6EB

Printed in the United States
by Baker & Taylor Publisher Services